多肉植物

爱上绿色萌宠

华姨 编著

浙江科学技术出版社

前言 | Preface

当今快速的生活节奏,让我们的身体和精神每天都处于紧张状态。在办公桌上摆一盆葱翠的绿植或是一盆小巧玲珑的微型盆景,能舒缓我们紧张的情绪,给我们带来一天的好心情。如果在家里也养上几盆小盆栽,不仅可以给我们的生活带来乐趣,也可以让小家充满温馨。但是,忙碌的工作使我们没有太多时间照料花草,因此我们需要选择一些不用花费太多时间、耗费太多精力,又有顽强生命力的植物来培养,那么素有"史上最萌植物"称号的多肉植物就应当是首选了。

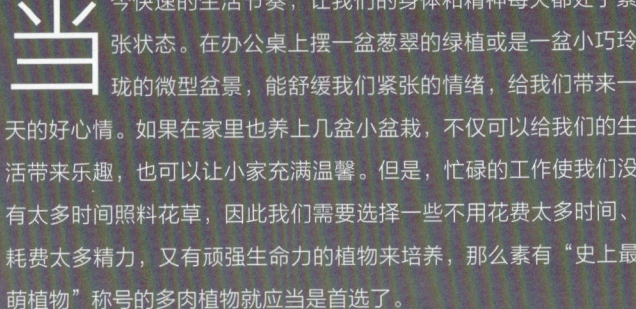

多肉植物又称为多浆植物或多肉花卉等,它们大多数生长在干旱或者半干旱的地区,常年得不到充足的水分浇灌,所以它们大都适应性地长出具有发达薄壁组织的根、茎或叶来贮藏水分。大多数多肉植物都有耐干旱、少病虫害的特点,不需要我们花费太多的心思去照料。

不管是什么品种的多肉植物,要么茎,要么叶,要么根,总有一个部位是肥肥的、厚厚的、肉嘟嘟的。多肉植物不仅外观可爱,而且大都有一个好听的名字,如玉露、子持年华、花月夜、胧月、虹之玉、翡翠殿。

本书将介绍约90种常见多肉植物的科属、原产地、外观表现、繁殖方法、培养土等多方面的内容,力求简洁扼要、直观明了,让读者能快速了解多肉植物的生长习性与养护知识,帮助读者培育出属于自己的"绿色萌宠"。

本书还介绍了多肉植物组合盆栽的搭配原则及含义,并且提供了多款多肉植物组合盆栽供鉴赏和参考,帮助读者设计出赏心悦目的多肉植物组合盆栽,让读者享受到更多栽培的快乐与生活情趣。

目录 contents

Part 1　初识多肉萌宠　1

- 2 —— 什么是多肉植物
- 3 —— 多肉植物的种类
- 4 —— 多肉植物的分类

Part 2　了解多肉萌宠　5

- 6 —— 仙人掌科植物的基本特征
- 8 —— 景天科植物的基本特征
- 9 —— 多肉植物的栽培要点
- 10 —— 多肉植物的繁殖方法

Part 3　爱上并培育一堆多肉萌宠　11

- 12 —— 八千代
- 13 —— 姬星美人
- 14 —— 艳日伞
- 15 —— 石莲花
- 16 —— 黑法师
- 17 —— 莲花掌
- 18 —— 魔象球
- 19 —— 松霞
- 20 —— 白星
- 21 —— 玉翁
- 22 —— 猩猩球
- 23 —— 落地生根
- 24 —— 唐印
- 25 —— 趣蝶莲
- 26 —— 月兔耳
- 27 —— 观音莲
- 28 —— 紫牡丹
- 29 —— 熊童子
- 30 —— 桃美人
- 31 —— 冬美人
- 32 —— 姬胧月
- 33 —— 胧月
- 34 —— 银星
- 35 —— 子持年华
- 36 —— 细小景天（姬莲花）
- 37 —— 八宝景天
- 38 —— 乙女心
- 39 —— 虹之玉
- 40 —— 黑王子
- 41 —— 花月夜
- 42 —— 蓝石莲
- 43 —— 神刀
- 44 —— 青锁龙
- 45 —— 茜之塔

46	筒叶花月
47	火祭
48	玉扇
49	条纹十二卷锦
50	九轮塔
51	玉露
52	姬玉露
53	琉璃殿
54	子宝
55	卧牛锦
56	中华芦荟
57	木立芦荟
58	翡翠殿（花芦荟）
59	稀宝
60	松叶菊
61	生石花
62	心叶冰花
63	红怒涛
64	鹿角海棠
65	碧玉莲
66	五十铃玉
67	快刀乱麻
68	金玉菊
69	珍珠吊兰
70	火殃勒
71	赫云
72	层云
73	花园兜
74	星球兜
75	多棱球
76	乌羽玉
77	龟甲牡丹
78	帝冠
79	玉麒麟
80	霸王鞭
81	红龙骨
82	虎刺梅
83	将军阁
84	姬凤梨
85	金琥
86	裸琥
87	江守玉
88	巨鹭玉
89	黄毛掌
90	量天尺
91	蟹爪兰
92	金钮
93	鼠尾掌
94	假昙花
95	令箭荷花
96	老乐柱
97	白檀
98	银翁玉
99	金晃

Part 4 多肉萌宠家庭大聚会 100

101	陶瓷家庭
107	玻璃家庭
110	其他家庭

Part 1 初识多肉萌宠

什么是多肉植物

多肉植物亦称多浆植物、肉质植物,在园艺上也称多肉花卉,但是以多肉植物这个名称最为常用。多肉植物是指植物营养器官的某一部分,如茎或叶或根(少数种类兼有两部分或更多),具有发达的薄壁组织,用以贮藏水分,在外形上显得肥厚多汁或带粉的一类植物。它们大部分生长在干旱或一年中有一段时间降水较少的地区,每年有很长的时间其根部吸收不到水分,仅靠体内贮藏的水分维持生命。有的人喜欢把这类植物称为沙漠植物或沙生植物,这是不确切的。虽然确实有许多种多肉植物生长在沙漠地区,但并不是所有多肉植物都生长在沙漠里,而且沙漠里还生长着许多非多肉植物。

多肉植物的种类

目前,世界上共有一万余种多肉植物,它们都属于高等植物(绝大多数是被子植物),在植物分类上隶属几十个科。个别专家认为有67个科中含有多肉植物,但大多数专家认为有50多个科中含有多肉植物。

常见栽培的多肉植物有仙人掌科、番杏科、大戟科、景天科、百合科、萝藦科、龙舌兰科和菊科。而凤梨科、鸭跖草科、夹竹桃科、马齿苋科、葡萄科也有一些种类日渐被人栽培。近年来,我国引进了一些福桂花科、龙树科、葫芦科、桑科、辣木科和薯蓣科的多肉植物,但其种类目前还很稀少。

在多肉植物中,仙人掌科植物不但种类多,而且具有其他科多肉植物所没有的器官——刺座。同时,仙人掌科植物形态的多样性、花朵的绚丽是其他科的多肉植物难以企及的。因而园艺上常常将仙人掌科多肉植物单列为仙人掌类,而将其他科的多肉植物称为多肉植物。因此多肉植物有广义和狭义之分,广义的包括仙人掌类,狭义的则不包括仙人掌类。本书所说的多肉植物是包括仙人掌类的广义多肉植物。

多肉植物的分类

根据贮水组织在植株中的部位不同,多肉植物可分为三大类型。

1. 叶多肉植物

叶高度肉质化,而茎的肉质化程度较低,部分种类的茎有一定程度的木质化,如番杏科、景天科、百合科和龙舌兰科等种类。

2. 茎多肉植物

植物的贮水组织主要分布在茎部,部分种类的茎分节,有棱和疣突;少数种类有稍带肉质的叶,但一般早落。以大戟科和萝藦科的多肉植物为代表。

3. 茎干状多肉植物

植物的肉质部分集中在茎基部,而且这个部位特别膨大。因种类不同,膨大的茎基形状不一,但以球状或近似球状为主,有的半埋入地下,无节、无棱、无疣突。有叶或叶早落,叶直接从膨大茎基顶端或从突然变细的、几乎不带肉质的细长枝条上长出,有时这种细长枝也早落。以薯蓣科、葫芦科和西番莲科的多肉植物为代表。

Part 2 了解多肉萌宠

爱上绿色萌宠——多肉植物

仙人掌科植物的基本特征

仙人掌科植物不但种类多，而且具有其他科多肉植物所没有的器官——刺座。园艺上常常将仙人掌科多肉植物单列为仙人掌类，而将其他科的多肉植物称为多肉植物。

高等植物通常具根、茎、叶三种营养器官和花、果实、种子三种繁殖器官。为了适应干旱的生长环境，仙人掌类的营养器官发生了很大的变化，叶在大多数仙人掌类植物中已消失；茎在仙人掌类中不仅已代替叶成为光合作用的主要器官，而且由于茎的形态变化万千，使仙人掌类植物具有极高的观赏性。

1. 叶

原始的仙人掌类是有叶的。它们最初分布在不太干旱的地区，其外形和普通的植物并没有多大的区别。只是由于沧海桑田的变化，原来湿润的地区变得越来越干旱，为了适应环境以求生存，这类植物的外形发生了变化，正常的扁平叶逐渐退化成圆筒状，进而退化成鳞片状，最后完全消失。目前，在中美洲一些半干旱的地区还分布着一些原始的仙人掌类。其中叶仙人掌属、麒麟掌属及顶花膜鳞掌属植物具正常的扁平叶，但其大小和肉质化程度有变化。叶仙人掌属植物的叶大而薄，基本上不肉质化。

2. 茎

具有正常扁平叶的原始类型的仙人掌类，其茎有的如藤本状的灌木，茎的表皮通常不呈绿色，除幼嫩部分外大多木质化。

具圆筒状叶的仙人掌类的茎常不分节，只有一节一直向上；而同属的很多种类则具扁平的节状茎。圆筒状叶不明显的仙人掌类，其木质化主茎不存在或不太明显。而不具叶的仙人掌类由于它们进行光合作用的功能主要由茎承担，因此茎在正常情况下呈绿色，也不木质化。

在形态上，可以说，没有哪一个科的植物如仙人掌类那样姿态万千：有的扁平如镜，有的如山峦重叠，有的细长如蛇。而它们中更多的则呈球形或近似球形，这是长期适应干旱环境的结果。因为同样的体积，球体状的表面积最小，蒸腾量也相应减小。因此在整个仙人掌类家族中，球形的种类占一半以上。

3. 棱与疣状突起

除原始类型的种类外，仙人掌类的茎都具棱，这对于适应干旱环境有很大的意义。很多仙人掌类的产地都有这样的特点：一年中有很长一段时间不下雨，但雨季时雨量充沛，短时间内降雨量会很大。生长在这种环境下的仙人掌类在旱季时由于水分不断蒸发而体积缩小，一旦下雨则最大限度地吸水，使株体迅速膨胀。如果仙人掌类茎上的

棱没有像手风琴风箱那样伸缩的能力，那么其表皮肯定要破裂。棱的数量多少和排列方式客观上也为我们区别植株的种类提供了依据，在分类上有一定的意义。

仙人掌类的茎上除有棱以外，还有疣状突起，这是一种独特的构造。事实上，在很多球形种类中，即使不具明显的疣状突起，纵向的棱上也有横向的瘤块状分割。疣状突起是仙人掌类为适应干旱环境进一步发展的结果。疣状突起更利于植物胀缩和散热。

4. 刺座、刺和毛

刺座是仙人掌类特有的一种器官。从本质上讲，刺座是高度变态的短缩枝，表面上看为一垫状结构。刺对于仙人掌类的生存有重要意义，它是一种自我保护机制的产物。刺的数量以及排列、色彩、形状等多种多样，变化无穷，给人以美的享受。同时它又是鉴别种类、进行分类的重要依据。

5. 花、果实和种子

花：每一种仙人掌都能开花。花通常着生在刺座上，呈辐射对称，其形状有漏斗状、喇叭状、高脚碟状等。花期以3~5月份最为集中，秋天开花的种类不是很多。

果实：通常为肉质浆果，少数为干果。其形状有梨形、圆形、棍棒形等。果皮上有刺座或鳞片等。

种子：形状很多，通常为圆形、椭圆形和扁圆形。不同种果实中的种子数量相差很多，多的有上千粒，少的只有十多粒。种子的大小也非常悬殊。

6. 根

除了少数乔木状的叶仙人掌属种类和仙人掌属种类外，仙人掌类的根无明显的主根，侧根伸展很远，这也是为了适应干旱生存环境的需要。因为在其产地雨季来临时偶尔会下很大的雨，而当地土壤的持水力差，仙人掌类有如此分布广泛的根系就可在短时间内迅速地吸收足够的水分以备后用。

有些种类具有膨大的肉质根或块根，用根来代替茎成为贮水的主要器官。

景天科植物的基本特征

景天科植物为草本植物、半灌木或灌木，多数为多年生肉质草本植物，具有肥厚、肉质的茎和叶。叶常为单叶，不具托叶，互生、对生或轮生，全缘或稍有缺刻，也有少数为浅裂或为单数羽状复叶。花小而繁茂；常为聚伞花序，少数为复聚伞状、穗状、总状或圆锥状花序，有时单生。花通常两性，少数为单性而雌雄异株，辐射对称，花的各部分数目常为5基数或其倍数。萼片自基部分离，少有在基部以上合生，宿存。花瓣分离，或多少合生。雄蕊1轮或2轮，其数目与萼片或花瓣数相同或为其两倍，分离，或与花瓣或花冠筒部多少合生。花丝丝状或钻形，少有变宽的。花药基生，少有背着，内向开裂。心皮的数目常与萼片或花瓣数相同，分离或基部合生，常在基部外侧有腺状鳞片1枚。花柱钻形，柱头头状或不显著。胚珠倒生，有两层珠被，常多个，沿腹缝线排成两行，少有少量或一个的。种子小，长椭圆形，种皮有皱纹或微乳头状突起，或有沟槽。胚乳不发达或缺失。表皮有蜡质粉，气孔下陷，可减弱蒸腾作用，它们是典型的旱生植物。无性繁殖力强。

景天科以下有东爪草亚科、伽蓝菜亚科、景天亚科这三个亚科，再有落地生根属、八宝属、伽蓝菜属、瓦松属、合景天属、红景天属、瓦莲属、景天属、石莲属、东爪草属等属。

景天科植物分布在非洲、亚洲、欧洲、美洲，以中国西南部、非洲南部及墨西哥的种类较多。截至目前，中国共发现10属242种。它们主要野生于岩石地带、林下石质坡地、山谷石崖等处。多数喜光照，部分品种耐阴，生长适温为15~18℃，喜湿润，忌涝，耐寒，喜砂质壤土。植株矮小抗风，水、肥消耗很少，耐污染，因此它们成为目前屋顶绿化的首选植物。

多肉植物的栽培要点

在栽培多肉植物的过程中，有以下几个要点需要注意。

1. 培养土

多肉植物喜疏松透气，排水、保水性好，含一定量的腐殖质，颗粒度适中，没有过细尘土，pH为5~7，呈微酸性或中性的土壤。具备这些条件的土壤有河沙（需要洗干净，去掉粉末）、煤渣（敲碎后去掉粉末，洗去粉尘）、红砖（敲碎成长3毫米左右的颗粒）、赤玉土、浮石、硅藻土、蛭石、珍珠岩、泥炭等。种植多肉植物可用单独一种培养土，也可以多种培养土混合。

培养土除需具备以上几个条件外，还需保证无菌。在种植多肉植物的过程中，如果培养土本身存在病原菌，再加上后期护理不当，则可能会导致植株感染病菌。因此，在种植之前，需要对培养土进行杀菌处理。常用的杀菌方法有两种：一种是混合多菌灵之类的杀菌剂；另一种是利用高温杀菌，如在锅上翻炒或用微波炉高温杀菌。

2. 容器

适合种植多肉植物的容器有很多，不论材质是塑料的、铁的、木的、陶瓷的，还是紫砂的，都必须要求容器底部有排水孔，排水孔最好小一点，大容器的排水孔以小而多为宜。

常用的容器有泥盆、塑料盆、釉盆和紫砂盆。泥盆适合育苗和商品化生产，釉盆和紫砂盆适合家庭栽培和展览。

3. 光照

植物只有在光照的情况下才能进行光合作用，因此几乎所有植物都需要光照，但是并不是所有植物都喜欢强烈的光照。多肉植物在生长期需要太阳光的照射，在休眠期则需要避免阳光直射。生石花和部分景天科多肉植物在夏季休眠，这时候需要对它们进行遮阳和通风处理；耐晒的仙人球等仙人掌科多肉植物在夏季则可以在烈日下暴晒。

4. 温度

多数多肉植物分布在热带、亚热带地区，但这并不代表它们只怕冷不怕热。因品种和分布地气候条件的不同，它们对温度有着多样性的要求。其中大多数陆生类型的仙人掌类、龙舌兰属、大戟属、马齿苋属和芦荟属等多肉植物要求较高的温度，在12~15℃时才会生长，低于这一温度则生长停滞。而大多数附生类型的仙人掌类、番杏科中肉质化程度不高的草本或亚灌木类、十二卷属、回欢草属的大叶种类多肉植物的最佳生长季节是春季和秋季，在夏季它们呈休眠或不明显休眠状态。

5. 水分

种植多肉植物，必须适时浇水以满足其生长发育的需要。

要掌握对多肉植物的浇水技巧，首先要了解多肉植物不同品种的需水习性和休眠习性。如番杏科多肉植物喜干，景天科、百合科多肉植物宜润。再如，生石花的休眠期在夏季，若在夏季浇水，则会使之腐烂；仙人球类的休眠期在冬季，若在冬季浇水，会造成根系腐烂或受冻。在休眠季节，可以通过喷雾的方式适当地维持空气和土壤的湿度，让休眠的植株不会因为过于干燥而产生生长障碍。

其次要仔细观察植株的生长状况。对于生长旺盛的植株，要适时浇水；对于生长基本停滞的植株，则要减少浇水次数。

最后要考虑气温、空气湿度和通风情况。多肉植物除可以通过根系来吸收水分外，还可以通过叶片上的气孔来吸收水分，因此，空气湿度对于多肉植物来说也是很重要的水分来源。对于原产地在降雨量少而空气湿度大的沙漠品种来说，它们对周围环境空气湿度的要求相对较高。

至于浇水的时间，夏季以清晨为好，冬季则应在晴朗天气的午前进行，春秋季节则早晚均可。

总而言之，种植多肉植物要因时因地，并根据品种的习性来处理光照、温度、水分等问题。

多肉植物的繁殖方法

多肉植物的繁殖方法有播种繁殖、扦插繁殖、嫁接繁殖三种，其中嫁接繁殖主要应用于仙人掌科多肉植物的繁殖。

1. 播种繁殖

通过播种可以一次性得到大量种苗，也可以通过杂交育种、播种、定向培育等方式培育出五彩斑斓的品种。

（1）前期准备

在播种前需要准备培养土、容器、保鲜膜、牙签、白纸等工具。培养土一般分为三种：用于排水的火山岩、轻石等大颗粒土，用于提供营养的泥炭、赤玉土等营养土，用于保水的蛭石等细小颗粒土。容器宜选用深颜色的小方格育苗盆；牙签用于点播；白纸用于记录，宜选用硬板标签纸。

（2）浸盆

将培养土装进育苗盆内并铺平，再将育苗盆放置在装有适量水的水盆中，这时水分会从育苗盆底部进入，至培养土表面湿透，有些微水分出现即可。

（3）播种

将浸好盆的育苗盆放置到背风处，再将种子倒在白纸叠成的小槽内，用牙签一点一点地点播在培养土上，并插上记录了品种和时间的标签纸。注意不要覆土，否则会影响种子发芽。

（4）闷养

播种后盖上保鲜膜，再将育苗盆放置在遮阳处闷养。闷养的时间视发芽情况而定，一般在发芽率达50%时即可揭去保鲜膜。其间可以通过浸盆来保持培养土湿润。种子发芽后可逐渐接受太阳光照。

2. 扦插繁殖

扦插繁殖是多肉植物无性繁殖的一个重要手段。多肉植物的扦插繁殖包括叶插、茎插、根插三种。

（1）叶插

叶插多用于景天科多肉植物。叶插时首先要挑选健壮、汁液饱满、表面无伤、无虫害的叶片，取下叶片后，在避光处晾置2~3天，再将培养土平铺在容器内，然后将叶片正面朝上平放在培养土上，最后将它放置在弱光环境下，保持周围空气湿度和环境温度，慢慢等待生根发芽即可。生根发芽后在根的附近挖一个浅浅的小坑，把根放进小坑内，覆上一层培养土，再将它放置在有充足光照的地方，适时浇水。

（2）茎插

茎插又称为枝插，广泛应用于多肉植物。茎插既可以使一株变两株或多株，又可以使单头变双头或多头，还可以解决多肉植物徒长的问题。茎插时首先要将健壮的茎剪下，修剪后晾置于阴凉处2~3天，让剪口风干愈合；或者在剪口处涂抹杀菌粉剂。茎晾置后可采取两种方式种植：一是直接进行扦插，把裸茎直接埋在培养土下面，一周后用喷雾的方式给水；二是等待生根后再进行扦插，可以直接利用周围空气湿度生根，也可以将之架在有少量水的小瓶内促使其尽快生根。

（3）根插

某些多肉植物的地下根部分也可以用来繁殖，但必须是健康饱满的根系。例如一些景天科植物，在切除地上部分后，无需挖出地下部分的根，一段时间后其切口周围会长出新的苗体。

3. 嫁接繁殖

嫁接繁殖是一种广泛应用于仙人掌类的园艺技术。由于某些仙人掌类的根系十分脆弱，经过长期栽培后，根系会因逐渐失去它原有的功能而消失，植株也会因此失去生命力。嫁接就是挽救这些仙人掌类的有效途径，除此之外，嫁接还能加快仙人掌植物的生长速度。

嫁接时，多选用三角柱作为砧木，方法是将三角柱的生长点切除，并将棱角斜切掉，然后将已去除根系的仙人掌放在砧木的中央，用绳子或重物固定，1~2周后即可拆除绳子或重物。

Part 3　爱上并培育一堆 多肉 萌宠

八千代

科属：景天科景天属

原产地：墨西哥

● 日照时间：☀☀☀☀☀

（1个太阳代表每天日照1小时，2个太阳代表每天日照2小时，以此类推）

● 所需水分：💧💧💧

（1个水滴代表每月浇1次水，2个水滴代表每月浇2次水，以此类推）

● 外观表现

植株呈小灌木状，高20~30厘米，多分枝。叶片松散地簇生于分枝顶部，肉质，圆柱形，表面平整光滑，稍向上内弯，顶端圆钝，较基部稍细，叶长3~4厘米，粗约0.6厘米。叶色灰绿或浅蓝绿色。

● 培育一堆小肉肉

繁殖较为容易，主要采取叶插的方法。选取健康、饱满的完整叶片，在通风干燥处晾置至伤口干燥，再参考叶插方法处理。

● 培养土

宜用疏松、透气、排水良好的砂质壤土。

姬星美人

科属：景天科景天属
原产地：西亚和北非的干旱地区
- 日照时间：●●●●●
- 所需水分：💧

- 外观表现

　　多年生肉质植物。株高5~10厘米，茎多分枝。叶膨大互生，肉质，倒卵圆形，长2厘米，深绿色。春季开花，花淡粉白色。

- 培育一堆小肉肉

　　常用播种繁殖和扦插繁殖。播种在2~5月份进行，采用室内盆播，播种12~15天后发芽。扦插全年均可进行，易存活，可采用茎插和叶插。

- 培养土

　　宜用肥沃、疏松和排水良好的砂质壤土。

艳日伞

科属：景天科莲花掌属
原产地：西南非洲
- 日照时间：●●●●●
- 所需水分：💧💧

● 外观表现
多年生肉质植物艳日伞的缀化（带化）变异品种，原种艳日伞植株呈矮灌木状。肉质叶呈莲座状排列，叶片长倒卵形，中央有一黑褐色纵条纹；叶色深绿至淡绿色，边缘有淡黄色晕纹；叶缘有细密的小锯齿，在阳光充足的条件下呈粉红色。

● 培育一堆小肉肉
常用茎插方法繁殖。选用健壮、充实、带有叶片的肉质茎，晾置2~3天后在沙土或蛭石中进行扦插，扦插后保持培养土稍有潮气，使其尽快生根。

● 培养土
宜用疏松、透气的砂质壤土。

石莲花

科属：景天科莲花掌属
原产地：墨西哥
- 日照时间：●●●●●
- 所需水分：💧💧

● **外观表现**

植株呈小灌木状，高20~30厘米，多年生宿根多浆植物。其茎短缩，枝匍匐。叶倒卵形，似荷花瓣，肥厚多汁，先端锐尖，稍带粉蓝色；叶心淡绿色，大叶微带紫晕，表面具白粉。总状聚伞花序，花冠红色，花瓣不张开。花期为7~10月份。

● **培育一堆小肉肉**

常用播种繁殖和扦插繁殖。播种在2~5月份进行，采用室内盆播，播种12~15天后发芽。扦插全年均可进行，易存活，可茎插和叶插。

● **培养土**

宜用肥沃、疏松和排水良好的砂质壤土。

黑法师

科属：景天科莲花掌属
原产地：摩洛哥加那利群岛及美国加州地区
- 日照时间：●●●●●●
- 所需水分：💧💧

● 外观表现

植株呈灌木状，直立生长。茎圆筒形，浅褐色，肉质。叶稍薄，叶片倒长卵形或倒披针形，长5~7厘米，顶端有小尖；叶缘有白色睫毛状细齿，叶黑紫色，冬季则为绿紫色。总状花序，长约10厘米，小花黄色。

● 培育一堆小肉肉

可采用茎插的方法繁殖。在生长期间选取健壮、充实的肉质茎，在蛭石或沙石中进行扦插。也可叶插，但不易繁殖。

● 培养土

宜用肥沃、排水和透气性良好的砂质壤土。

莲花掌

科属：景天科莲花掌属
原产地：墨西哥
● 日照时间：●●●●●
● 所需水分：💧

● **外观表现**

根茎粗壮，有多数长丝状气生根。叶蓝灰色，近圆形或倒卵形，先端圆钝近平截形，红色，无叶柄。总状单枝聚伞花序，花茎高20~30厘米，着花8~12朵，外侧粉红色或红色，内侧黄色，花期为6~8月份。

● **培育一堆小肉肉**

可采用茎插和叶插的方法繁殖，于春秋季节进行。

● **培养土**

宜用疏松、肥沃、透气性良好的砂质壤土。

魔象球

科属：仙人掌科顶花球属
原产地：墨西哥圣路易斯波托西州
- 日照时间：●●●●●
- 所需水分：💧

● 外观表现
植株初始单生，成年株易萌生子球。圆球形至圆筒形，体色深青绿色，球径9~10厘米。具扁菱形疣状突起，无分棱，疣腋间有少许茸毛，灰白色。具末端黑色的针状刺4~5枚。夏季顶生米黄色漏斗状花，花径4~5厘米。

● 培育一堆小肉肉
常用嫁接子球的方法繁殖。

● 培养土
宜用疏松、肥沃的砂质壤土。

松霞

科属：仙人掌科乳突球属
原产地：墨西哥
● 日照时间：●●●●●
● 所需水分：💧💧

● **外观表现**

植株群生，椭圆形，单体球径约2厘米，体色暗绿色。具5~8条圆锥疣突的螺旋棱。白色刚毛状周刺30~40枚，黄褐色细针刺状中刺5~9枚。春季侧生淡黄色小型钟状花，花径1.5~2厘米。果实鲜红，久留球顶不掉，颇为有趣。

● **培育一堆小肉肉**

常用播种、扦插、分株和嫁接繁殖。播种在4~5月份进行，采用室内盆播。扦插以5~6月份为宜。分株在3~4份月结合换盆进行，将过于拥挤的植株扒开，直接分栽。嫁接宜用量天尺作砧木。

● **培养土**

宜用肥沃、排水良好的砂质壤土。

白星

科属：仙人掌科乳突球属
原产地：墨西哥北部以及非洲部分地区
● 日照时间：☀☀☀☀☀
● 所需水分：💧💧💧

● 外观表现

多浆植物。茎小球形，密集丛生，直径5~7厘米，深绿色，密被白色羽毛状刺。疣状突起的腋部有白色长绵毛。刺40枚，均为辐射刺，长0.3~0.7厘米，灰白或白色。花小，白色，花瓣具褐或红色中脉。种子褐色。

● 培育一堆小肉肉

可切取子球扦插，极易成活。

● 培养土

宜用含石灰质较多且透气、排水良好的砂质壤土。

玉翁

科属：仙人掌科乳突球属
原产地：墨西哥
● 日照时间：●●●●●
● 所需水分：💧

● **外观表现**

植株单生，圆球形至椭圆形，鲜绿色。球径10~12厘米，具13~21个圆锥形的疣状突起，呈螺旋形排列的棱，疣腋间有15~20根3~4厘米长的白毛，新刺座有白色茸毛，白色刚毛状辐射周刺30~35枚，尖端褐色的中刺2~3枚。春季桃红色小型钟状花围绕球成圈开放，花径1~1.5厘米。

● **培育一堆小肉肉**

常用播种、扦插、嫁接繁殖，方法与金琥、绯牡丹相同。

● **培养土**

宜用腐叶土、砂质壤土，再适量掺些粗砂、石灰土和碎砖屑。

猩猩球

科属：仙人掌科乳突球属
原产地：墨西哥
- 日照时间：●●●●●
- 所需水分：💧💧

● 外观表现

植株单生，圆筒状，高30厘米，直径10厘米，茎无白色乳汁。疣突腋部有绵毛及刺毛。辐射刺20~30枚，常为白色，也有黄、褐或红色者；中刺7~15枚，针形，其中1枚有钩。花浅红至紫红色，直径1.5厘米。

● 培育一堆小肉肉

常用播种、嫁接繁殖。

● 培养土

宜用透气性好、富含矿物质的砂质壤土。

落地生根

科属：景天科伽蓝菜属
原产地：非洲马达加斯加岛
- 日照时间：●●●●●
- 所需水分：💧💧

● **外观表现**

株高50~100厘米，茎单生，直立，褐色。叶交互对生，叶片肉质，长三角形，叶长15~20厘米，宽2~3厘米以上，具不规则的褐紫斑纹，边缘有粗齿，缺刻处长出不定芽。复聚伞花序、顶生，花钟形，橙色。

● **培育一堆小肉肉**

常用扦插、不定芽和播种繁殖。

● **培养土**

宜用排水良好的酸性土壤。

唐印

科属：景天科伽蓝菜属
原产地：南非开普省东部和德兰士瓦省
- 日照时间：✺✺✺✺✺
- 所需水分：💧💧

● 外观表现
多年生肉质草本植物。茎粗壮，灰白色，多分枝。叶对生，排列紧密。叶片倒卵形，长10~15厘米，宽5~7厘米，全缘，先端钝圆。叶淡绿或黄绿色，被有浓厚的白粉，看上去呈灰绿色；秋末至初春，在阳光充足的条件下，叶缘呈红色。

● 培育一堆小肉肉
芽插、叶插或用带叶片的茎段扦插均可。扦插前需将插穗稍晾1~2天；扦插后须防止雨淋，保持培养土稍有潮气，使其尽快生根。

● 培养土
宜用排水、透气性良好的砂质壤土。

趣蝶莲

科属：景天科伽蓝菜属
原产地：非洲马达加斯加岛
● 日照时间：✦✦✦✦✦
● 所需水分：💧💧

● **外观表现**

植株具短茎。叶肉质，对生卵形，有短柄；叶长6~14厘米，宽4~6厘米。叶缘有锯齿状缺刻。叶灰绿色中略带红色，叶缘呈红色。长而细的花葶从叶腋处抽出，小花悬垂铃状，黄绿色。

● **培育一堆小肉肉**

可取匍匐枝顶端的不定芽直接栽种；也可将成熟的叶片切下，待切口干燥后插入培养土中。

● **培养土**

宜用疏松、肥沃的砂质壤土。

月兔耳

科属：景天科伽蓝菜属
原产地：中美洲干燥地区及非洲马达加斯加岛
- 日照时间：✦✦✦✦✦
- 所需水分：💧💧

● 外观表现
　　植株叶片对生，长梭形，叶片及茎干密布凌乱茸毛，叶尖圆形。新叶呈金黄色，老叶则为微微黄褐色。初夏开花，聚伞花序，花序较高，小花管状向上，白粉色，花瓣4片，花期较长。

● 培育一堆小肉肉
　　常用扦插繁殖，以枝插和叶插为主。由于该品种在夏季扦插极易腐烂，因此在4~5月份或9~11月份扦插最为适宜。

● 培养土
　　可用煤渣混合泥炭、少量珍珠岩配制，相应比例为6∶3∶1。

观音莲

科属：景天科长生草属
原产地：西班牙、法国、意大利等欧洲国家
- 日照时间：●●
- 所需水分：💧💧

● 外观表现

观音莲株形端庄，叶片莲座状环生，整体呈如莲座一般的外形。叶片扁平细长，前端急尖；叶缘有小茸毛，充分光照下，叶尖和叶缘呈非常漂亮的咖啡色或紫红色。发育良好的植株在大莲座下面会着生一圈小莲座。

● 培育一堆小肉肉

常用扦插、分株繁殖。以扦插繁殖为主，将小株剪下来，单独扦插在培养土中即可。

● 培养土

宜用疏松、肥沃、排水和透气性良好的壤土。

紫牡丹

科属：景天科长生草属
原产地：中南欧、高加索和小亚细亚
- 日照时间：●●●●
- 所需水分：💧💧

● 外观表现

　　肉质草本植物。叶厚，蜡质，常呈莲座状。叶上常有丝状毛或毫毛，阳光充足时叶片紧紧包裹，在冬、春季节叶色呈暗红色。聚伞式圆锥花序，有红、白、黄等花色。

● 培育一堆小肉肉

　　可分株繁殖，也可叶插繁殖。叶插十分容易，杂交则极易获得种子。

● 培养土

　　宜用微酸性土壤。

熊童子

科属：景天科银波锦属
原产地：非洲纳米比亚
- 日照时间：●●●●●
- 所需水分：💧💧

● **外观表现**

植株多分枝，呈小灌木状，茎深褐色。叶片卵形，长2~3厘米，宽1~2厘米，顶部叶缘有缺刻。叶表绿色，密生白色短毛。叶片肉质，叶端具爪样齿，在阳光充足的生长环境下，叶端齿会呈现红褐色。

● **培育一堆小肉肉**

常用扦插繁殖。在生长期选取茎节短、叶片肥厚的插穗，长5~7厘米，待切口稍干燥后再插入沙床。也可把枝条直接插入园土中。

● **培养土**

宜用中等肥力且排水良好的砂质壤土。可用粗沙或蛭石、园土、腐叶土各1份配制。

桃美人

科属：景天科厚叶草属
原产地：墨西哥
● 日照时间：✦✦✦✦✦
● 所需水分：💧💧

● 外观表现

茎短且粗，直立。肉质叶具多浆薄壁组织，单株12～20片叶，互生，呈倒卵形，宽、厚各2厘米左右。花倒钟形，红色。因其叶片在阳光充足且温差大的环境下易变成粉红色，犹如桃子一般可爱肥厚，故称之为桃美人。

● 培育一堆小肉肉

枝插或叶插繁殖均可，以叶插为好。春秋两季从健壮的植株上取饱满叶片，待切口干燥后插于培养土中，保持培养土微潮即可。

● 培养土

宜用疏松、排水良好的砂质壤土。

冬美人

科属：景天科厚叶草属
原产地：墨西哥
- 日照时间：✲✲✲✲✲
- 所需水分：💧💧

● 外观表现

多年生无毛肉质草本植物。叶片环状排列，匙形，叶质肥厚，叶面光滑，被微量白粉，叶色蓝绿色至灰白色。阳光充足情况下叶片紧密排列，叶片顶端和叶芯会呈轻微粉红；弱光情况下叶色呈浅灰绿色，叶片变得窄且长。

● 培育一堆小肉肉

常用叶插及枝插繁殖，以叶插为好。于生长期从健壮的植株上切取叶片，待切口稍干后即插入培养土中，浇少量水。

● 培养土

宜用疏松、排水和透气性良好的壤土。

姬胧月

科属：景天科风车草属
原产地：墨西哥
- 日照时间：●●●●●
- 所需水分：💧

- **外观表现**

　　叶排成延长的莲座状，叶呈瓜子形，叶末较尖，被白粉或叶尖有须。叶色朱红带褐色。开黄色小花，星状。

- **培育一堆小肉肉**

　　常用叶插繁殖，成活率接近100%，叶插方法参考景天科其他植物。

- **培养土**

　　可用壤土及粗沙各1份配制。

胧月

科属：景天科风车草属
原产地：墨西哥伊达尔戈州
- 日照时间：●●●●●
- 所需水分：💧💧💧💧

● **外观表现**

叶倒卵形，叶色淡紫或灰绿色。因形似莲花，故名"石莲"；还因形似风车，故又名"风车草"。花五星形，白色，盛开期为3~4月份。

● **培育一堆小肉肉**

极易繁殖，叶片掉落即生新植株，容易自行分株。生长期可结合整枝修剪进行枝插，也可叶插。叶插时所用的培养土不宜过湿，否则叶片易化水腐烂。

● **培养土**

宜用排水、透气性良好的砂质壤土。可用松针土、蛭石、腐叶土、沙土各1份配制。

银星

科属：景天科风车草属与石莲花属的杂交品种
原产地：南非
● 日照时间：●●●●●
● 所需水分：💧💧

● **外观表现**

多年生肉质草本植物，莲座状叶盘较大，株幅可达10厘米。叶长卵形，较厚；叶面青绿色略带红褐色，有光泽；叶尖有1厘米长，褐色。

● **培育一堆小肉肉**

全年均可进行扦插繁殖，以春秋季为好。插穗可用叶盘顶部，插入沙床15～20天后即可生根。也可切下基部成熟的肉质叶，待切口晾干后斜插于沙床，保持沙床壤土稍湿润。

● **培养土**

宜用肥沃、疏松和排水良好的砂质壤土。

子持年华

科属：景天科瓦松属
原产地：日本
- 日照时间：✹✹✹✹✹
- 所需水分：💧💧💧💧

● 外观表现

肉质植物，植株高6厘米，多数叶聚生呈莲座状，群生；有匍匐走茎放射状蔓生，落地产生新株。叶倒卵形，先端尖，绿色。伞房花序顶生，花瓣白色。

● 培育一堆小肉肉

一般可将侧芽剪下，进行分株，插入土壤中即可。要尽量选择已经生根的侧芽，这样可提高成活率，因为未生根的侧芽剪下后常会因营养供给不足而干枯死亡。也可采用开花授粉播种的自然繁殖方法，但繁殖速度较慢。

● 培养土

可用泥炭、珍珠岩、浮石配制，相应比例为1:1:1。

细小景天（姬莲花）

科属：景天科景天属
原产地：中国、日本
● 日照时间：✦✦✦✦
● 所需水分：💧💧💧💧

● 外观表现

　　多年生多肉草本植物。茎绿色，分枝多。花茎高5~10厘米，下部有不育枝着生。叶对生或3~5叶轮生，倒卵形，长5~15毫米。

● 培育一堆小肉肉

　　以茎插繁殖为主，但也可以采取叶插繁殖。叶插繁殖要选择健康的叶片，插入湿润的草木灰中，并放置在通风透亮处。出现须根后将它连根拔起，再移入培养土中，待嫩芽出现一周左右即可移盆定植。

● 培养土

　　宜用低山山地的阴湿土壤。

八宝景天

科属：景天科景天属
原产地：中国
● 日照时间：●●●●●
● 所需水分：💧💧💧

● **外观表现**

多年生常绿肉质草本植物，株高30~50厘米。地下茎肥厚，地上茎簇生，粗壮而直立，全株略被白粉，呈灰绿色。叶轮生或对生，倒卵形，肉质，具波状齿。伞房花序密集如平头状，花序径10~13厘米，花淡粉红色，常见栽培的品种还有白色、紫红色、玫红色。

● **培育一堆小肉肉**

一般采用扦插繁殖。选择长势良好的健康茎段，去掉基部1/3的叶片，在阴凉处晾置1~2天，斜插入平整的培养土即可。

● **培养土**

宜用排水良好的壤土。

乙女心

科属：景天科景天属
原产地：墨西哥
- 日照时间：●●●●●
- 所需水分：💧💧

● 外观表现
叶片密集排列在茎干的顶端，叶片肥厚，叶色翠绿至粉红色。新叶色浅，老叶色深，老叶比新叶圆润。强光与昼夜温差大或冬季低温期叶色会变红，在弱光下叶色变浅绿或深绿色，叶片拉长。叶片上被细微白粉，老叶白粉掉落后呈光滑状。

● 培育一堆小肉肉
采用茎插和叶插繁殖。取茎条或叶片于阴凉处晾置几天，再插入或平放于干燥的培养土中，发根后浇水缓苗。

● 培养土
宜用干燥、松软和透气性良好的壤土。

虹之玉

科属：景天科景天属
原产地：北非、西亚
- 日照时间：✹✹✹✹✹
- 所需水分：💧💧💧💧💧

● 外观表现

　　株高10~20厘米，多分枝。肉质叶膨大互生，圆筒形至卵形，长2厘米，绿色，表皮光亮，无白粉，在阳光充足的条件下转为红褐色。小花淡黄色。

● 培育一堆小肉肉

　　常用扦插繁殖，茎插、叶插均可。茎插可利用修剪下来的枝条，截成长5厘米的茎段，在阴凉处晾3~5天，待切口稍干后再插于苗床。叶插繁殖是从茎上取下完整叶片（注意不要损伤叶片），放置3天后再扦插。

● 培养土

　　对土质不挑剔，在干得结板的土壤中也能存活，但以疏松的壤土为佳。

黑王子

科属：景天科石莲花属
原产地：中国
- 日照时间：✹✹✹✹✹
- 所需水分：💧💧💧💧

● 外观表现
多年生肉质草本植物。植株具短茎，肉质叶排列成标准的莲座状，生长旺盛时其叶盘直径可达20厘米。叶片匙形，稍厚，顶端有小尖，黑紫色。聚伞花序，小花红色或紫红色。

● 培育一堆小肉肉
可叶插繁殖。取成熟而完整的叶片，稍倾斜插入或平放于蛭石或沙土上，保持稍有潮气，就会很快长出新芽。等新芽长得稍大些，另行栽种即成新的植株。还可用老株萌发的幼株扦插，也容易成活。

● 培养土
宜用干燥和排水良好的砂质壤土。

花月夜

科属：景天科石莲花属
原产地：中国
● 日照时间：●●●●●
● 所需水分：💧💧💧💧

● **外观表现**

叶子匙形，叶尖有红边，日照充足的情况下叶边呈红色。植株呈莲花造型。花朵为铃铛状，花色为黄色，花期为春季。

● **培育一堆小肉肉**

采用茎插和叶插两种方法繁殖。具体操作方法可参考景天科其他品种茎插、叶插过程。

● **培养土**

可用煤渣、泥炭、珍珠岩配制，相应比例为6∶3∶1。

蓝石莲

科属：景天科石莲花属
原产地：中国
- 日照时间：●●●●●
- 所需水分：💧💧

● 外观表现

多年生肉质草本植物。植株具短茎，肉质叶排列成标准的莲座状，生长旺盛时叶盘直径可达20厘米。叶片匙形，稍厚，顶端有小尖，黑紫色。聚伞花序，小花红色或紫红色。

● 培育一堆小肉肉

常用播种与扦插繁殖。一般以叶插为主，较易成活，也可用侧芽进行扦插。

● 培养土

一般用泥炭、蛭石、珍珠岩各1份，并添加适量的骨粉配制。

神刀

科属：景天科青锁龙属
原产地：南非
● 日照时间：✺✺✺✺✺
● 所需水分：💧💧

● **外观表现**

多年生肉质草本植物，株高50~100厘米。单叶互生，镰刀状，多肉，叶片被淡淡的白粉。伞房状聚伞花序顶生，小花橙红色。蓇葖果。花期为7~8月份。

● **培育一堆小肉肉**

常用扦插和播种繁殖。扦插时将短茎剪下，稍晾干后插于沙床，15~20天后即可生根；播种10~15天后发芽，幼苗生长较快。

● **培养土**

宜用肥沃的砂质壤土。可用草炭、腐叶土、粗沙各1份配制。

青锁龙

科属：景天科青锁龙属
原产地：纳米比亚
- 日照时间：✸✸✸✸✸
- 所需水分：💧💧💧💧💧💧💧

● 外观表现

肉质亚灌木，株高30厘米，茎细易分枝，茎和分枝通常垂直向上。叶呈鳞片状的三角形，在茎和分枝上紧密排列成4棱，使人误认为只有4棱的茎枝而无叶；当光照不足时叶片略显散乱。花着生于叶腋部，较小。

● 培育一堆小肉肉

采用扦插繁殖，全年均可进行，春秋季生根快，成活率高。选取叶片排列紧密的枝条，剪成12~15厘米长，插于沙土中，20~25天后生根，根长2~3厘米时即可上盆。

● 培养土

宜用肥沃、疏松、排水良好的砂质壤土。

茜之塔

科属：景天科青锁龙属
原产地：南非
- 日照时间：✺✺✺✺✺
- 所需水分：💧💧

- **外观表现**

多年生肉质草本植物。矮小的植株呈丛生状，高仅5~8厘米，直立生长，有时也具匍匐性。叶无柄，对生，密集排列成四列，叶片心形或长三角形，基部大，往上逐渐变小，顶端接近尖形。

- **培育一堆小肉肉**

可结合春季换盆进行分株繁殖，将生长密集的植株分开，每3至4支一丛，然后直接上盆栽种。

- **培养土**

宜用疏松、肥沃、排水良好的砂质壤土。

筒叶花月

科属：景天科青锁龙属
原产地：南非纳塔尔省
- 日照时间：●●●●●
- 所需水分：💧💧

● **外观表现**

植株呈多分枝的灌木状，茎明显，圆形，表皮黄褐色或灰褐色。叶互生，在茎或分枝顶端密集成簇。肉质叶筒状，长4~5厘米，粗0.6~0.8厘米，顶端呈斜的截形，截面通常为椭圆形，似马蹄。叶鲜绿色，有光泽，冬季其顶端截面的边缘呈红色。

● **培育一堆小肉肉**

采用扦插繁殖，可用成熟的叶片或健壮的肉质茎进行扦插。

● **培养土**

宜用疏松、透气的微酸性壤土。

火祭

科属：景天科青锁龙属
原产地：非洲南部
- 日照时间：●●●●●
- 所需水分：💧💧💧

● **外观表现**

植株丛生，长圆形肉质叶交互对生，排列紧密，使植株呈四棱状，叶色在阳光充足的条件下呈红色。根粗壮，直立；根颈短，先端被鳞片。

● **培育一堆小肉肉**

春秋季取顶梢的肉质茎，晾置2~3天，然后浅埋土中即可。10天后浇一次水，水要浇透，约20天后生根。

● **培养土**

宜用排水和透气性良好的砂质壤土。

玉扇

科属：百合科十二卷属
原产地：非洲南部
● 日照时间：●●●●●
● 所需水分：💧💧

● 外观表现
植株无茎，肉质叶排成2列，呈扇形，叶片直立，稍向内弯，顶部略凹陷。叶面粗糙，绿色至暗绿褐色，有小疣状突起；新叶的截面部分透明，呈灰白色。有些品种的叶片截面有灰白色透明状花纹。

● 培育一堆小肉肉
可分株繁殖，也可叶插、根插繁殖，也可播种繁殖。

● 培养土
宜用疏松、肥沃和排水良好的砂质壤土。

条纹十二卷锦

科属：百合科十二卷属
原产地：非洲西南部
● 日照时间：☀☀☀☀☀
● 所需水分：💧💧

● **外观表现**

多年生肉质草本植物。株高10~20厘米。叶密生呈莲座状，三角状披针形，灰白色，薄肉质。总状花序，蒴果，花期为5~6月份。

● **培育一堆小肉肉**

常用分株繁殖。将母株从花盆内取出，把盘结在一起的根系尽可能地分开，用锋利的小刀把它剖开成两株或多株，分出来的每一株都要带有相当的根系，以利于成活。

● **培养土**

宜用肥沃、排水良好的砂质壤土。

九轮塔

科属：百合科十二卷属
原产地：西南非洲
- 日照时间：✦✦✦✦✦
- 所需水分：💧💧💧💧

● 外观表现
多年生常绿多肉草本植物。茎轴极短，不向高处生长。叶片肥厚，先端向内侧弯曲，呈轮状抱茎。整个植株呈柱状，叶面白粒成行排列。体色多为深绿色，光照充足时慢慢变成紫红色。

● 培育一堆小肉肉
采叶腋或茎轴基部长出的小侧枝扦插。5月份扦插，10天后即可生根。

● 培养土
宜用排水良好和富含腐殖质的砂质壤土。

玉露

科属：百合科十二卷属
原产地：南非
- 日照时间：◆◆◆◆
- 所需水分：💧💧💧💧

● **外观表现**

　　肉质叶呈紧凑的莲座状排列；叶片肥厚饱满，翠绿色；上半段呈透明或半透明状，称为"窗"，有深色的线状脉纹，在阳光较为充足的条件下，其脉纹为褐色；叶顶端有细小的"须"。

● **培育一堆小肉肉**

　　可结合换盆进行分株，也可在生长期挖取附生母株的幼株直接栽种，还可进行叶插繁殖。播种繁殖也是玉露的繁殖方法之一，但要通过人工授粉才能获得种子。

● **培养土**

　　播种土可用蛭石3份、腐叶土或草炭土2份混合配制。

姬玉露

科属：百合科十二卷属
原产地：南非
- 日照时间：✿✿
- 所需水分：💧💧

● 外观表现
肉质叶呈紧凑的莲座状排列，叶片肥厚饱满，翠绿色，上半段呈透明或半透明状。姬玉露株形较小，直径为3~4厘米，容易出侧芽，易长成很大的群生植株。叶缘没有毛刺，顶端有1根长毛。

● 培育一堆小肉肉
可结合换盆进行分株，也可在生长期挖取附生母株的幼株直接栽种，有根、无根都能成活。新栽的植株浇水不宜过多，以免引起腐烂，等长出新根后再进行正常的管理。

● 培养土
宜用疏松、肥沃、排水和透气性良好、含有石灰质且颗粒较粗的砂质壤土。

琉璃殿

科属：百合科十二卷属
原产地：南非
● 日照时间：✿✿✿✿✿
● 所需水分：💧💧💧

● **外观表现**

有莲座状的叶盘，叶呈深绿色，如风车般向同一方向偏转，故亦称旋叶鹰爪草。叶片为三角形，末端急尖，叶片正面凹、背面凸，有明显的龙骨突。叶背有许多小横条凸起，就像一排排的琉璃瓦。花白色，有绿色中脉。

● **培育一堆小肉肉**

常用分株和叶插繁殖。分株繁殖通常选在4~5月份，将母株侧分生出来的小株剥离，然后直接盆栽。

● **培养土**

宜用疏松、肥沃的壤土。

子宝

科属：百合科鲨鱼掌属
原产地：南非
- 日照时间：☀
- 所需水分：💧

● 外观表现

叶肉质较厚，像舌头，叶面光滑，带有白色斑点或条纹状锦斑。叶长2~5厘米，宽1~2.5厘米，暴晒后叶面呈红色。子宝叶片美丽，有带锦与不带锦之分。普通的为全绿色，不带锦；两种颜色以上的为带锦，称子宝锦，颜色不一，各有特色。花杆由叶舌根部伸出，花较小，大多为红绿色，一般冬季至春季为开花旺季。

● 培育一堆小肉肉

子宝生长缓慢，但其基部常萌生许多小芽，因此常用分株繁殖；也可播种繁殖。

● 培养土

宜用疏松、肥沃、排水良好的砂质壤土。

卧牛锦

科属：百合科鲨鱼掌属
原产地：南非
● 日照时间：●●●●●
● 所需水分：💧💧

● **外观表现**

多年生肉质草本植物，卧牛的斑锦变异品种。原种卧牛植株无茎或仅有短茎，具粗壮的肉质根，幼株叶呈两列叠生，成年后随着叶片的增多逐渐排列成6~10厘米的莲座状。

● **培育一堆小肉肉**

可结合春季换盆进行分株，将母株萌生的幼株取下，另行栽种即可。

● **培养土**

宜用疏松、肥沃、排水和透气性良好的砂质壤土。

中华芦荟

科属：百合科芦荟属
原产地：中国
● 日照时间：●●●●●
● 所需水分：💧💧

● 外观表现
中华芦荟是库拉索芦荟的变种，茎短，叶近簇生，幼株叶呈两列。叶面、叶背都有白色斑点。叶长约35厘米，宽5~6厘米，线状披针形，肉质多汁。植株全高约80厘米，形似翠叶芦荟。

● 培育一堆小肉肉
中华芦荟分蘖能力较强，也有很强的适应性，取叶端的不定芽栽植即可成株。亦可扦插繁殖。

● 培养土
宜用排水良好的砂质壤土。

木立芦荟

科属：百合科芦荟属
原产地：南非
● 日照时间：●●●●●
● 所需水分：💧💧

● **外观表现**

多年生常绿肉质草本植物，茎木质化。单叶围肉质茎呈莲座状簇生，叶片长，披针形，叶缘具刺，绿色。花橘红色，总状花序或伞形花序；花被圆筒状，有时稍弯曲；花柱细长，柱头小。蒴果具多粒种子。

● **培育一堆小肉肉**

木立芦荟分蘖能力较强，有很强的适应性，取叶端的不定芽栽植即可成株。亦可扦插繁殖。

● **培养土**

宜用疏松、干燥、排水和透气性良好的砂质壤土。

翡翠殿（花芦荟）

科属：百合科芦荟属
原产地：南非
● 日照时间：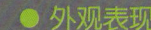
● 所需水分：

● 外观表现

　　株高30~40厘米，株幅20厘米。叶互生，旋列于茎顶；叶呈三角形，表面凹背面圆凸，先端急尖，淡绿色至黄绿色，光照过强时呈褐绿色。叶缘有白齿，叶面和叶背都有不规则的白色星点，时而连合成线状。夏季开花，松散的总状花序长达25厘米，花小，花色橙黄至橙红色，带绿尖。三裂蒴果小，形状奇特。

● 培育一堆小肉肉

　　分蘖能力强，采用侧芽扦插繁殖。

● 培养土

　　宜用园土混合草木灰配制的壤土。

稀宝

科属:番杏科仙宝属
原产地:南非
● 日照时间:✿✿
● 所需水分:💧💧

● **外观表现**

　　肉质亚灌木,株高20厘米,具细长无毛的茎。对生叶棒状,排列较稀;长1~1.5厘米,直径0.5~0.6厘米,淡绿色;叶面密布透明小点(为贮水大细胞),叶顶端有5~10根白色或褐色的刚毛。花大,淡紫色。

● **培育一堆小肉肉**

　　以扦插繁殖为主。老株宜更新,否则枝条零乱、开花稀少。

● **培养土**

　　宜用疏松、干燥的砂质壤土。

松叶菊

科属：番杏科日中花属
原产地：非洲南部
- 日照时间：✸✸✸✸✸
- 所需水分：💧💧

● 外观表现

多年生亚灌木状多肉草本植物。茎细长，平卧或悬垂生长，基部稍呈木质化。分枝多而上升。叶对生，肥厚多汁呈三棱状，线形，蓝绿色，挺直像松叶。单花腋生，形似菊花；花瓣窄条形，直径5~7厘米，具光泽。花色丰富，有白、粉、红、黄和橙色等多种颜色，4~5月份开花。

● 培育一堆小肉肉

采用扦插繁殖，扦插成活的苗可3~5株共栽于一个花盆中。

● 培养土

宜用疏松、中等肥沃和排水良好的砂质壤土。

生石花

科属：番杏科生石花属
原产地：非洲南部
- 日照时间：●●●●●
- 所需水分：💧💧

● **外观表现**

多年生常绿多肉多浆植物。茎短。叶肥厚，对生，密接成缝状，形成半圆形或倒圆锥形的球体。秋季从对生叶的中间开出黄、白、红、粉、紫色等花朵，花大，单独座生，多在下午开放。

● **培育一堆小肉肉**

宜用播种繁殖，宜春播。播种10~20天后可出苗。

● **培养土**

宜用疏松、透气的中性砂质壤土。

心叶冰花

科属：番杏科露草属
原产地：南非
● 日照时间：✹✹✹✹✹
● 所需水分：💧💧💧💧

● **外观表现**

多年生常绿肉质草本植物。叶对生，肉质肥厚，鲜亮青翠。枝长20厘米左右，有棱角，伸长后呈半匍匐状。枝条顶端开花，花落后分叉出枝。花小，深玫瑰红色，中心淡黄色，形似菊花，自春季至秋季陆续开放。

● **培育一堆小肉肉**

采用扦插繁殖，宜选春秋季进行，此时极易成活。

● **培养土**

宜用排水良好的砂质壤土。

红怒涛

科属：番杏科肉黄菊属
原产地：南非
● 日照时间：✹✹✹✹✹
● 所需水分：💧💧

● **外观表现**

植株较小，肉质。交互对生的肉质叶长三角形，先端呈菱形，表面平、背面圆凸，先端有龙骨状突起。叶深绿色中带红色，叶表面中央有连结成线状或块状的肉质突起，形状不规则。叶缘具肉齿，肉齿先端有白色纤毛。秋天开直径4厘米的黄花。

● **培育一堆小肉肉**

采用分株或播种繁殖。

● **培养土**

宜用疏松、排水良好，并富含腐殖质的壤土。

鹿角海棠

科属：番杏科鹿角海棠属
原产地：非洲西南部
● 日照时间：●●●●●●
● 所需水分：💧💧

● **外观表现**

　　鹿角海棠植株不高，分枝多呈匍匐状。叶片肉质具3棱，非常特殊。冬季开花，有白、红和淡紫色等颜色。

● **培育一堆小肉肉**

　　常用播种和扦插繁殖。4～5月份采用室内盆播，播种10天左右后发芽；幼株根细而浅，需谨慎浇水；1个月后移苗。春秋季以扦插为好，选取充实茎节，剪成8～10厘米，插于沙床，15～20天后可生根，根长2~3厘米时可栽盆。盆栽2～3年后，需重新扦插更新。

● **培养土**

　　宜用肥沃、疏松的砂质壤土。

碧玉莲

科属：番杏科碧玉莲属
原产地：热带及亚热带地区
- 日照时间：☀☀☀
- 所需水分：💧💧💧💧💧

- **外观表现**

  多年生常绿草本植物。株高2~5厘米。茎圆，分枝，淡绿色带紫红色斑纹。叶子短，表层有明显纹路，被粉。易与鹿角海棠混淆，区别在于碧玉莲的叶片很小。

- **培育一堆小肉肉**

  多用扦插和分株繁殖。在4~5月份选取健壮的顶端枝条为插穗，上部保留1~2枚叶片，待伤口晾干后，插入湿润的培养土中即可。也可切取带叶柄的叶片进行叶插，10~15天后生根。分株繁殖多用于彩叶品种的繁殖。

- **培养土**

  宜用疏松、肥沃、排水良好的湿润壤土。

五十铃玉

科属：番杏科棒叶花属
原产地：南非和纳米比亚等地
- 日照时间：●●●●●
- 所需水分：💧

● 外观表现

植株肉质，密集成丛；株丛直径10厘米。肉质叶棍棒状，几乎垂直生长，若光照不足会横卧并排列稀松。叶长2~3厘米，直径0.6~0.8厘米，顶端增粗、扁平，但不成截形，而是稍圆凸。叶淡绿色，基部稍呈红色，叶顶部有透明的"窗"。花梗长4~6厘米，花朵直径3~7厘米，橙黄色略带粉色。

● 培育一堆小肉肉

播种繁殖或分株繁殖。

● 培养土

宜用疏松、干燥的砂质壤土。

快刀乱麻

科属:番杏科快刀乱麻属
原产地:南非
● 日照时间:●●●●●
● 所需水分:◊◊◊◊

● **外观表现**

植株呈肉质灌木状,株高20~30厘米,茎有短节,多分枝。叶集中在分枝顶端,对生,细长而侧扁,先端两裂,外侧圆弧状,好似一把刀。花径4厘米左右,花黄色。

● **培育一堆小肉肉**

采用扦插繁殖,取带叶分枝扦插,插穗需晾置1~2天,否则易腐烂,扦插后不可浇水过多,保持稍有潮气即可。早春扦插成活的新株抵抗力比老株强,所以要不断繁殖更新植株。

● **培养土**

宜用中等肥力、排水和透气性良好,并含有适量的石灰质的砂质壤土。

金玉菊

科属：菊科千里光属
原产地：非洲南部
- 日照时间：☀☀
- 所需水分：💧💧

● 外观表现

多年生常绿草本植物。植株匍匐或攀援向上生长，茎圆，红褐色，肉质，长约2米。叶互生，近似于三角形；肉质，质厚而脆，很容易折断；叶深绿色，有光泽，有不规则的黄色斑纹。花小，乳白色，有黄心。

● 培育一堆小肉肉

可在生长期进行扦插繁殖。插穗长短要求不严，但要有3~5节，剪去下部的叶片，插于沙土或蛭石中，保持稍有潮气，避免积水。

● 培养土

宜用含腐殖质丰富、肥沃、疏松、排水和透气性良好的砂质壤土。

珍珠吊兰

科属：菊科千里光属
原产地：非洲南部
- 日照时间：☀☀
- 所需水分：💧💧

● **外观表现**

叶互生，生长较疏，圆心形，深绿色，肥厚多汁，似珠子，故有"佛串珠""佛珠""绿葡萄""绿之铃"之美称。还有人称它为"佛珠吊兰""情人泪"。它的茎纤细。头状花序，顶生，长3~4厘米，呈弯钩形，花白色或褐色，花蕾是红色的细条。

● **培育一堆小肉肉**

可扦插繁殖。枝蔓极易生根，可于春秋季剪下几节，一半埋入沙子或疏松的土中，保持湿润，很快就会生根。

● **培养土**

宜用富含有机质、疏松、肥沃的壤土。

火殃勒

科属：大戟科大戟属
原产地：印度
● 日照时间：☀☀
● 所需水分：💧💧💧💧

● 外观表现
肉质灌木状小乔木。茎常呈三棱状，偶有四棱状并存，高3~5米，直径5~7厘米，上部多分枝；棱脊3条，薄而隆起，高达1~2厘米，厚3~5毫米，边缘具明显的三角状齿，齿间距离约1厘米。叶互生于齿尖，少而稀疏，常生于嫩枝顶部，倒卵形或倒卵状长圆形。

● 培育一堆小肉肉
采用扦插繁殖。于5~9月份剪取母株顶端5~6厘米作插穗，在阴凉处晾一周，待切口充分干燥后再进行扦插，这样容易生根。

● 培养土
宜用干燥的壤土。

赫云

科属：仙人掌科花座球属
原产地：加勒比海中的库拉素岛
- 日照时间：✹✹✹✹✹
- 所需水分：💧💧

● 外观表现

球状，直径30厘米，表皮淡绿色。花座高20厘米，直径10厘米，密生褐色刚毛。直棱11~15枚，刺座有白色茸毛，刺黄褐色至红褐色；周刺15枚，长3厘米，针状直射；中刺长4~7厘米，锥状。花2厘米长；果实为较粗的棍棒形，红色，有光泽。

● 培育一堆小肉肉

采用切顶嫁接繁殖，也可播种繁殖。

● 培养土

宜用富含腐殖质且排水良好的壤土。

层云

科属：仙人掌科花座球属
原产地：委内瑞拉和哥伦比亚
- 日照时间：☀☀☀☀☀
- 所需水分：💧💧

● 外观表现
植株单生，圆球形，表皮暗绿色至灰绿色，具10～12条棱脊高的纵向直棱。花座很宽。周刺8枚，长约1.2厘米；中刺1枚，长2厘米；刺为锥状，直射，红色至红褐色。花长2.5厘米，淡红色。

● 培育一堆小肉肉
可用播种和嫁接繁殖。播种繁殖十分容易，一年可采种数次，而且种子的出苗率很高。采用嫁接繁殖可提前开花(出云)。

● 培养土
可用腐叶土、园土、粗沙、干牛粪块、谷壳炭等混合配制。

花园兜

科属：仙人掌科星球属
原产地：墨西哥
- 日照时间：●●●●●
- 所需水分：💧💧

● **外观表现**

植株高10厘米，幅径10~15厘米，小型种，星点多，刺座更密，有从刺座着生花芽连续开花的棱峰疣座。花期为3~10月份，花瓣黄色，喉部橙色。

● **培育一堆小肉肉**

采用播种和嫁接的方法繁殖。

● **培养土**

宜用湿润的砂质壤土。

星球兜

科属：仙人掌科星球属
原产地：美国、墨西哥
● 日照时间：●●●●●
● 所需水分：💧💧

● **外观表现**

植株呈扁圆球形，直径5~8厘米；球体由6~10条浅沟分成6~10条扁圆棱。无刺，刺座上有白色星状绵毛。花着生于球顶部，漏斗形，黄色，花芯红色，直径3~4厘米。

● **培育一堆小肉肉**

常用播种繁殖。

● **培养土**

宜用排水良好、富含石灰质的砂质壤土。

多棱球

科属：仙人掌科多棱球属
原产地：墨西哥
- 日照时间：✹✹✹✹✹
- 所需水分：💧💧

● **外观表现**

通体具棱80～100条，棱极薄，呈波状；每条棱上有2个刺座。刺6～9枚，黄色，后变灰色。春季开花，花着生在球体顶部，钟形，白色，有紫色脉。果实具纸质鳞片，纵裂。种子黑色。

● **培育一堆小肉肉**

以播种繁殖为主，也可嫁接和扦插繁殖。

● **培养土**

宜用干燥、排水和透气性良好的盆土。

乌羽玉

科属：仙人掌科乌羽玉属
原产地：墨西哥
- 日照时间：☀☀☀☀☀
- 所需水分：💧💧💧💧

● 外观表现
老株丛生，有萝卜状肉质根。茎扁球形或球形，表皮暗绿色或灰绿色。株高5~8厘米，棱垂直或呈螺旋状排列，顶部多茸毛。刺座有白色或黄白色茸毛。小花钟状或漏斗状，淡粉红色至紫红色。浆果粉红色，棍棒状，有10余粒黑色种子。

● 培育一堆小肉肉
每个果实有10~30粒种子不等，可采取播种繁殖；也可嫁接繁殖，用仙人球属或天轮柱属植物作砧木。

● 培养土
宜用排水和透气性良好的壤土。

龟甲牡丹

科属：仙人掌科岩牡丹属
原产地：墨西哥
● 日照时间：●●●●●
● 所需水分：💧💧💧💧

● **外观表现**

　　球状植株单生或丛生，呈垫状生长。单个球体直径10~15厘米，顶部扁平，被有浓厚的白色或黄白色茸毛。

● **培育一堆小肉肉**

　　龟甲牡丹的繁殖栽培非常困难，可用播种繁殖或摘取子球进行嫁接繁殖。由于植株果实成熟期非常长，且发芽很困难，故其发芽率十分低。此外，其实生苗生长很缓慢，它是岩牡丹属中生长速度仅快于龙舌兰牡丹的品种。

● **培养土**

　　宜用排水、透气性良好的壤土。

帝冠

科属：仙人掌科帝冠属
原产地：墨西哥
- 日照时间：●●●●●
- 所需水分：💧

● 外观表现

植株单生，属小型种，是仙人掌类中的著名硬质代表种。植株扁球状，灰绿色三角形叶状疣突在茎部螺旋排列成莲座状，疣突背面有龙骨突。疣基部肉质坚硬，刺座在疣突顶端，新刺座上有短绵毛。一般刺座上有刺2~4枚，刺较小，长1~1.5厘米，刺细针状稍向内弯，黄白色，早落。

● 培育一堆小肉肉

帝冠繁殖较为困难，常用播种和嫁接繁殖。

● 培养土

宜用透气性良好的壤土。

玉麒麟

科属：大戟科大戟属
原产地：印度
- 日照时间：●●●●●
- 所需水分：💧💧

● 外观表现

叶片翠绿，茎、叶均具肉质，株形优雅，酷似我国古代传说中的麒麟，故有"玉麒麟"的美称。肉质变态茎呈不规则的掌状扇形，嫩时绿色，老时黄褐色并木质化。变态茎顶端及边缘密生肉质叶。

● 培育一堆小肉肉

一般采用扦插繁殖，4~10月份均可进行。取生长壮实的变态茎，晾置3~4天，待伤口干缩后，插入干净河沙中，深为2~3厘米，2天后喷水，保持盆土潮湿，1个月左右后可生根。

● 培养土

宜用排水良好的砂质壤土。

霸王鞭

科属：大戟科大戟属
原产地：中国、印度、巴基斯坦
● 日照时间：
● 所需水分：

● **外观表现**

常绿多浆植物，乔木状，茎干肉质、粗壮，具5棱，后变圆形。分枝螺旋状轮生，浅绿色，后变灰色，具黑刺。叶片多浆，革质，倒卵形，基部渐狭，浅绿色。全株含有白色剧毒乳汁，若误食会中毒，溅入眼中可致失明。

● **培育一堆小肉肉**

可在5~6月份剪取生长充实的茎段扦插繁殖。切口有白色乳汁流出，可涂抹草木灰。晾置数日，等切口稍干后，将茎段插入素沙土中，然后放半阴处，不浇水，稍喷雾，保持盆土湿润。在20~25℃的条件下，40~50天后可生根。

● **培养土**

宜用排水良好、疏松的砂质壤土。

红龙骨

科属：大戟科大戟属
原产地：纳米比亚
- 日照时间：●●●●●
- 所需水分：💧

● **外观表现**

  肉质灌木或小乔木。全株含白色乳汁，有毒。分枝直立状，常密集成丛生长，具3~4条棱，暗绿色至灰绿色。叶片匙形。叶基两侧各生一尖刺。夏秋季开花，单性花。

● **培育一堆小肉肉**

  多用扦插繁殖，扦插时切口会流出浆液，可涂抹草木灰，放阴凉处7~10天，待植株萎缩后再扦插。

● **培养土**

  宜用干燥壤土。

虎刺梅

科属：大戟科大戟属
原产地：非洲马达加斯加岛
- 日照时间：✦✦✦✦✦
- 所需水分：💧💧

● 外观表现

茎稍攀缘性，分枝，可长达2米多。茎上有灰色粗刺，叶卵形。花小，成对着生成小簇，各花簇又聚成二歧聚伞花序。外侧有2枚淡红色苞片，苞片黄色，也有深红色的。

● 培育一堆小肉肉

采用扦插繁殖。在早春或晚秋季节，取带有3~4个叶节的茎秆，待切口晾干后插入培养土，稍喷水就能生根发芽。

● 培养土

宜用疏松、排水良好的腐叶土。

将军阁

科属：大戟科翡翠塔属
原产地：东非肯尼亚
● 日照时间：●●●●●
● 所需水分：💧💧

● **外观表现**

　　分枝的肉质茎最初呈圆球状，后逐渐呈高约40厘米的圆柱状，其表面布满瘤状凸起。叶椭圆形，稍具肉质；正面深绿色，有明显的灰白色脉纹；叶背颜色稍浅。花淡粉红色。

● **培育一堆小肉肉**

　　可用扦插繁殖，在生长期剪取健壮的肉质茎，晾置1~2天后在沙土中进行扦插，扦插后保持土壤稍有潮气，即可生根。

● **培养土**

　　宜用疏松、肥沃、排水和透气性良好的砂质壤土。

姬凤梨

科属：凤梨科凤梨属
原产地：南美热带地区
- 日照时间：☀☀
- 所需水分：💧💧💧💧

● 外观表现

多年生常绿草本植物。株型短小，株高仅10～15厘米。叶片从根茎上密集丛生，水平伸展呈莲座状。叶片坚硬，边缘呈波状，且具有软刺，呈条带形，先端渐尖。花两性，白色，雌雄同株，花期为6月份。

● 培育一堆小肉肉

采用播种、扦插和分株繁殖。其中最主要的是分株繁殖，结合春季换盆将母株分生的小株掰下后种植即可。

● 培养土

宜用疏松、肥沃、腐殖质丰富、通气良好的砂质壤土。

金琥

科属：仙人掌科金琥属
原产地：墨西哥
- 日照时间：✺✺✺✺✺✺
- 所需水分：💧💧

● 外观表现

茎圆球形，单生或成丛，高1.3米，直径80厘米或更大。球顶密被金黄色绵毛。有棱21~37条。刺座很大，密生硬刺，刺金黄色，后变褐色。有辐射刺8~10枚，长3厘米；中刺3~5枚，较粗，稍弯曲，长5厘米。花着生球顶绵毛丛中，钟形，黄色。

● 培育一堆小肉肉

金琥多采用播种繁殖，也采用嫁接繁殖。可在早春采取切顶的办法，促其孳生子球，子球长到0.8~1厘米时即可切下嫁接。

● 培养土

宜用石灰质壤土。

裸琥

科属：仙人掌科金琥属
原产地：墨西哥
● 日照时间：✦✦✦✦✦
● 所需水分：💧💧

● 外观表现
植株呈圆球状，表皮翠绿色，具21~35条脊缘突出的直棱。棱峰的刺座上萌生着8~12枚不显眼的淡黄色短小钝刺，球体顶部具淡黄色茸毛。花钟形，黄色，盆栽条件下很难开放。

● 培育一堆小肉肉
多用播种繁殖，但种子难得，多是购买幼苗培养。也可嫁接繁殖，将球体顶部切除，促发子球，待子球长到一定大小后切下，用三棱箭作砧木进行嫁接。

● 培养土
宜用排水和透气性良好、肥沃，并含有适量石灰质的壤土。

黄毛掌

科属：仙人掌科仙人掌属
原产地：墨西哥
● 日照时间：●●●●●
● 所需水分：💧💧

● **外观表现**

植株直立多分枝，灌木状，高0.6~1米。茎节呈较阔的椭圆形或广椭圆形，黄绿色。刺座密被金黄色钩毛。夏季开花，花淡黄色，短漏斗形。浆果圆形，红色，果肉白色。

● **培育一堆小肉肉**

常用扦插和播种繁殖。扦插繁殖应在4~5月份的生长期进行，选取大小适中、充实的茎节作插穗。

● **培养土**

对土壤要求不高，宜用砂质壤土。

量天尺

科属：仙人掌科量天尺属
原产地：墨西哥
- 日照时间：✹✹✹✹✹
- 所需水分：💧💧

● **外观表现**

攀缘肉质灌木，多分枝，表皮深绿色。分枝茎三棱柱形，棱常呈翅状，边缘波状或圆齿状，深绿色至淡蓝绿色。刺座针形至刺锥形，灰褐色至黑色。

● **培育一堆小肉肉**

多用扦插繁殖。可在生长期取生长充实或较老的茎节，置于阴凉处晾2~3天后，插于沙床或土中，1个月左右后可生根。

● **培养土**

宜用疏松、肥沃、富含腐殖质的壤土。

蟹爪兰

科属：仙人掌科蟹爪兰属
原产地：巴西
● 日照时间：✸✸✸✸✸✸✸✸
● 所需水分：💧💧💧💧

● **外观表现**

主茎圆，易木质化。叶状茎扁平多节，肥厚，卵圆形，先端截形，边缘具粗锯齿。有刺座，刺座上有刺毛。花着生于茎节顶部刺座上，花色有淡紫色、黄色、红色、纯白色等。

● **培育一堆小肉肉**

可扦插和嫁接繁殖。扦插繁殖可在早春或晚秋时进行，取叶片或带3~4个叶节的茎秆，待切口晾干后插入培养土中，保持培养土湿润即可。

● **培养土**

宜用肥沃的壤土。

金钮

科属：仙人掌科鼠尾掌属

原产地：墨西哥

- 日照时间：✺✺✺✺✺✺✺✺✺
- 所需水分：💧💧💧💧💧💧

● 外观表现

仙人掌科多年生植物，具气生根，茎细长柔软。花漏斗状，花径7厘米，花色艳丽，昼开夜闭，可持续1周。可悬吊栽培，形成奇特景观。

● 培育一堆小肉肉

可用扦插和嫁接繁殖，多以嫁接繁殖为主。取成熟的发育充实的茎条，切成4~8厘米长的小段，以量天尺为砧木，嫁接完毕后放置在阴凉通风处，1周后可拆除绑扎物，转移到阳光充足处进行正常管理。

● 培养土

宜用肥力充足、透气性良好的砂质壤土或森林土。

鼠尾掌

科属：仙人掌科鼠尾掌属
原产地：墨西哥
● 日照时间：●●●●●
● 所需水分：●●●●●●

● 外观表现

变态茎细长、匍匐，通常扭状下垂。具气生根。幼茎绿色，以后变灰色；无叶；隔0.5厘米着生15~20枚短刺丛，初生时略带红色，以后变至黄褐色；外形酷似老鼠尾巴。

● 培育一堆小肉肉

多用扦插和嫁接繁殖，也可播种繁殖。在生长期取壮实的变态茎作插穗，切成8~10厘米长，晾置1~2天后扦插于培养土中。

● 培养土

宜用肥沃、排水和透气性良好的壤土。

假昙花

科属：仙人掌科假昙花属
原产地：墨西哥
● 日照时间：✹✹✹✹
● 所需水分：💧💧💧💧

● **外观表现**

多年生直立灌木状草本植物，高约1米。茎扁平，叶状，边缘波状。花着生于边缘凹处，花筒下垂，花朵翘起，外带红色，内为纯白色；雄蕊多数成束，花柱突出于外，柱头线状，16~18裂。

● **培育一堆小肉肉**

可用扦插、嫁接和播种繁殖。扦插繁殖取健壮的茎节作插穗，晾置切口干燥后，扦插于沙土或蛭石中。嫁接繁殖多用量天尺或仙人掌作砧木，选取健壮肥厚的茎节2节，下端削成鸭嘴状，插入砧木，用竹刺固定。

● **培养土**

宜用排水和透气性良好的壤土。

令箭荷花

科属：仙人掌科令箭荷花属
原产地：墨西哥
- 日照时间：●●●●●●●
- 所需水分：💧💧💧

- **外观表现**

  附生类仙人掌科植物，茎直立，多分枝，群生灌木状。基部的主干细圆，分枝扁平呈令箭状，绿色，中脉明显突出。

- **培育一堆小肉肉**

  可用扦插和嫁接繁殖。扦插繁殖在每年3~4月份进行，剪取10厘米长的扁平茎，晾置2~3天后插入湿润沙土或蛭石内，经常喷水，一般1个月后即可生根。

- **培养土**

  宜用肥沃、疏松、排水良好的壤土。

老乐柱

科属：仙人掌科老乐柱属
原产地：秘鲁
● 日照时间：●●●●●
● 所需水分：💧💧

● 外观表现
幼株椭圆形，老株圆柱形，基部易出分枝，体色鲜绿色。茎粗7~9厘米，高1~2米，具20~25条直棱，株茎密被白色丝状毛，茎端的毛长而密。黄白色细针状周刺多枚，黄白色中刺1~2枚。夏季侧生白色钟状花，花径4~5厘米。

● 培育一堆小肉肉
可播种繁殖，出苗容易，但因植株开花晚，种子不易获得。多采用切顶促生分枝后，切取分枝嫁接繁殖。砧木宜选用量天尺，这样才能保证长势良好。

● 培养土
宜用排水良好、中等肥沃的砂质壤土。

白檀

科属：仙人掌科白檀属
原产地：阿根廷
- 日照时间：●●●●●
- 所需水分：💧💧💧💧

● 外观表现

植株肉质茎细筒状，多分枝，初始直立，后匍匐丛生，体色淡绿色。具6~9条低浅的棱。白色刺毛状辐射刺10~15枚，无中刺。春末夏初侧生鲜红色漏斗状花，花径4~5厘米。

● 培育一堆小肉肉

易孳生子球，可摘取子球扦插繁殖，成活率高。也可将子球嫁接在量天尺上，生长良好。

● 培养土

宜用干燥、透气性良好的盆土。

银翁玉

科属：仙人掌科智利球属
原产地：智利
- 日照时间：●●●●●
- 所需水分：💧💧

● 外观表现

植株单生，初为球形，后呈短圆筒状。株高20厘米，有刺座，刺座下方突出如颚，椭圆形，间距0.6~0.7厘米。刺座上有黄褐色短绵毛。刺约30枚，针状，长2~2.5厘米，白至灰白色，弯曲。春季开花，花淡桃色。

● 培育一堆小肉肉

一般采用扦插繁殖，方法与其他仙人掌科植物类似。

● 培养土

对土壤要求不高，宜用松软的砂质壤土。

金晃

科属：仙人掌科南国玉属
原产地：巴西
● 日照时间：●●●●●
● 所需水分：💧💧

● **外观表现**

茎圆柱形，高60~70厘米，直径约10厘米，基部易出分枝。棱30条或更多，刺座排列紧密。周刺15枚，刚毛状，长0.3~0.7厘米，黄白色；中刺3~4枚，长4厘米，黄色，细针状。花着生于茎顶端，长4厘米，直径5厘米，黄色。

● **培育一堆小肉肉**

可用播种、扦插和嫁接繁殖。播种繁殖在4~5月份进行。扦插繁殖在5~6月份进行，将生长较高的植株于离顶15厘米处切下，晾干后插于沙床，30~40天后可生根。

● **培养土**

宜用肥沃、排水良好的壤土。

Part 4 多肉萌宠家庭大聚会

陶瓷家庭

在咖啡杯中,不同形态、不同色泽的仙人掌和其他多肉植物错落有致地组合在一起,犹如沙漠绿洲一角或迷你小花园,极富现代气息。

爱上绿色萌宠——多肉植物

色泽鲜艳的直桶花盆内栽种了仙人掌类多肉植物，配以飘逸的常春藤，增加了动感，很具个性。

Part 4 多肉萌宠家庭大聚会

色彩鲜明、活泼的卡通小蘑菇花盆内，一红一黄两颗嫁接仙人球"交头接耳"，如同在说悄悄话。中间的多肉植物则增加了构图层次。

爱上绿色萌宠——多肉植物

圆球形的仙人球，具有冠状造型的绯牡丹，加上条纹十二卷，这些不同形态、不同色泽的耐旱性植物组合在一起，相映成趣，再铺上黄色石米，形成了色泽协调、活泼可爱的盆栽。

Part 4 多肉萌宠家庭大聚会

造型精巧别致的花盆中，集合了景天科、马齿苋科植物，整个盆景造型错落有致又生机勃勃。无论是将它放在茶几、餐桌还是书桌上，都仿佛带来一份午后阳光的明媚。

爱上绿色萌宠——多肉植物

抗逆性强的多肉植物,配以奶牛外形的盆器,点缀在儿童房内,活泼而富有情趣。

玻璃家庭

仙人球、仙人掌错落有致地排列在盆器上,加上两株"高耸"的红龙骨,组合成一盆沙漠型盆栽。

咖啡色的玻璃小碗中,植入了绿色的沙漠玫瑰,嫁接了黄菠萝的三棱柱及仙人指,形成了沙漠植物群落。

Part 4　多肉萌宠家庭大聚会

造型别致的玻璃球盆，仿佛是一个许愿球，承载着对生活的美好向往。里面的一丛丛多肉植物似乎使愿望有了持久的生命力。

其他家庭

多株仙人掌类多肉植物合植于玩具造型的容器内,再组合常春藤增加绿色的植物空间,构成了一个富含童趣的组合盆栽。

Part 4　多肉萌宠家庭大聚会

仙人掌科和景天科多肉植物按高低错落的层次合植于绿色塑料盘中，用河沙固定植株，用彩石装点空隙，再加上树根，便构成了一盆小型沙漠植物的组合盆栽。

111

将有共同习性的多肉植物组合在一起,配以长方形的栅栏塑料花盆,用河沙固定植株,于盆面空隙处铺以彩色石米作装饰,组合成一个小小植物园。

将各种多肉植物合栽在紫砂盆中，构成了一个既奇异又和谐的组合，无论从造型，还是植物的习性上都显得非常的统一与协调。

爱上绿色萌宠——多肉植物

　　欧式的铁艺茶壶造型仿佛囚笼,而密植其中的各种各样多肉植物,在铁条的缝隙里恣意生长。这种突破封锁的葱茏,彰显着生命的力量。

Part 4　多肉萌宠家庭大聚会

　　朵朵莲花和虹之玉与其他的一些赤色、绿色植物相互映衬，再放入鲜红的小蘑菇和可爱的小熊玩偶，使该盆栽顿时生趣盎然。

图书在版编目（CIP）数据

爱上绿色萌宠：多肉植物 / 华姨编著. —杭州：
浙江科学技术出版社，2017.4

ISBN 978-7-5341-7493-3

Ⅰ.①爱… Ⅱ.①华… Ⅲ.①多浆植物－观赏园艺
Ⅳ.①S682.33

中国版本图书馆CIP数据核字（2017）第034599号

书　　名	爱上绿色萌宠——多肉植物	
编　　著	华　姨	

出版发行 **浙江科学技术出版社**
杭州市体育场路347号　邮政编码：310006
办公室电话：0571-85176593
销售部电话：0571-85062597　0571-85058048
E-mail: zkpress@zkpress.com

排　　版	广东炎焯文化发展有限公司	
印　　刷	杭州锦绣彩印有限公司	
经　　销	全国各地新华书店	
开　　本	889×1194　1/24	印　张　5
字　　数	50 000	
版　　次	2017年4月第1版	印　次　2017年4月第1次印刷
书　　号	ISBN 978-7-5341-7493-3	定　价　29元

版权所有　翻印必究
（图书出现倒装、缺页等印装质量问题，本社负责调换）

　　　　责任编辑　王巧玲　　仝　林　　　责任美编　金　晖
　　　　责任校对　徐　岩　　　　　　　　责任印务　田　文
　　　　特约编辑　胡燕飞